奎文萃珍

百孝圖説

[清] 俞葆真 輯

文物出版社

圖書在版編目（CIP）數據

百孝圖説 / (清) 俞葆真輯. -- 北京 : 文物出版社,
2019.8
（奎文萃珍 / 鄧占平主編）
ISBN 978-7-5010-6145-7

Ⅰ. ①百… Ⅱ. ①俞… Ⅲ. ①家庭道德 – 通俗讀物
Ⅳ. ①B823.1-49

中國版本圖書館CIP數據核字(2019)第101942號

奎文萃珍
百孝圖説 〔清〕俞葆真 輯

主　　編：鄧占平
策　　劃：尚論聰　楊麗麗
責任編輯：李縉雲　李子裔
責任印製：梁秋卉

出版發行：文物出版社
社　　址：北京市東直門内北小街2號樓
郵　　編：100007
網　　址：http://www.wenwu.com
郵　　箱：web@wenwu.com
經　　銷：新華書店
印　　刷：藝堂印刷（天津）有限公司
開　　本：710mm × 1000mm　1/16
印　　張：19.25
版　　次：2019年8月第1版
印　　次：2019年8月第1次印刷
書　　號：ISBN 978-7-5010-6145-7
定　　價：120.00圓

序言

孝爲中國古代傳統道德。清末開始湧現了不少以『孝』爲題材的木刻畫，較著名者有《二十四孝圖》《女二十四孝圖》《百孝圖》及《二百卌孝圖》等。《百孝圖説》圖文并茂歌頌孝道，清俞葆真編輯，俞泰繪刊。卷前有瑞麟、孔昭淶、裘愷齊、朱世忠、俞泰、鄭績、俞恩益等人作序及作者自序，卷末有俞旭照作跋。

俞葆真，字蘭浦，浙江紹興人。居廣東，早逝。俞泰，字仰山，俞葆真兄長。據卷前咸豐三年（一八五三）俞葆真自序，嘗觀顔希源《百美新咏》，忿於『貞淫雜録，妍媸并載』，『然自有虞以來五千有餘歲矣，積世愈久，成德愈多，其中湮没不傳者何可勝慨。真不揣固陋，爰就見聞所及，綜古今來孝行卓著者，得百人百事，亦成五言五十聯，顔曰《百孝圖説》』。俞葆真撰成詩文，未及配圖而病逝。同治九年（一八七〇）其兄俞泰叙文云：『爰采古來孝行事迹，分綴五言，作百孝詩，并欲每句繪圖，萃成一册，因循未果。值咸豐甲寅冬，羊城戒嚴，挈眷遷避端江，寢疾不起，賫志以終。余思完其志十餘年矣。公私交迫，未暇物色畫工。遺帙久存篋中。己巳冬，因就正於吾友鄭君紀常，大加奬詡。爲寄陳村何君雲梯，請任繪事。庚午秋，成圖百帙，恿慫余付剞劂。』從這段叙述可知《百孝圖説》爲其兄長俞泰主持刊刻，書中百幅插圖延請何雲繪製完成。

《百孝圖說》全書分爲元、亨、利、貞四卷，共選上古至明代孝行卓著者百人百事，如虞舜帝象耕鳥耘、周文王寢門三朝、董永賣身葬父、吴猛暑不驅蚊、王祥剖冰求鯉、朱壽昌棄官尋母、木蘭代父從軍等，宣揚孝道，爲清代勸孝類佳作。同治十一年（一八七二）孔昭淶序：『蓋《百孝圖說》者，俞蘭浦先生所手著也。上自虞舜，下迄前明，博采史傳，旁及雜録。其間聖帝明王，賢士大夫，以及婦人孺子，其孝行昭然在人耳目者，爲之繪圖著說，紀其事迹，括以韵語。』所選百人，各列有四言題名和小序，小序涵蓋每人孝行傳説、裡居姓氏出處等。搜羅宏富，縷晰詳明。卷前總目爲每人題有五言詩句，一句總括其事實，共五十韵。全書一圖一文，文字均爲寫刻，版畫數量衆多，構圖精妙，綫條流利，人物形態畢現，生動傳神。

俞氏《百孝圖說》在清代流布較廣。除了同治河間俞氏刻本外，尚有翻刻本，有光緒十五年（一八八九）仰善堂重刊本。民國九年（一九二〇），上海碧梧山莊石印此書，更名爲《男女百孝圖全傳》。魯迅先生在《朝花夕拾·後記》中提及同治十一年（一八七二）刻的《百孝圖》云：『這部《百孝圖》的起源有點特別，是因爲見了「粤東顔子」的《百美新咏》而作的。人重色而已重孝，衛道之盛心可謂至矣。雖然是「會稽俞葆真蘭浦編輯」，與不佞有同鄉之誼，——但我還只得老實説：不大高明。例如木蘭從軍的出典，他注云：「隋史。」這樣名目的書，現今是沒有的；倘是《隋書》，那裡面又沒有木蘭從軍的事。』不過，就版畫藝術而言，在清末尚可稱佳作。

此次出版，據清同治十年（一八七一）河間俞氏刊本影印。

百孝圖

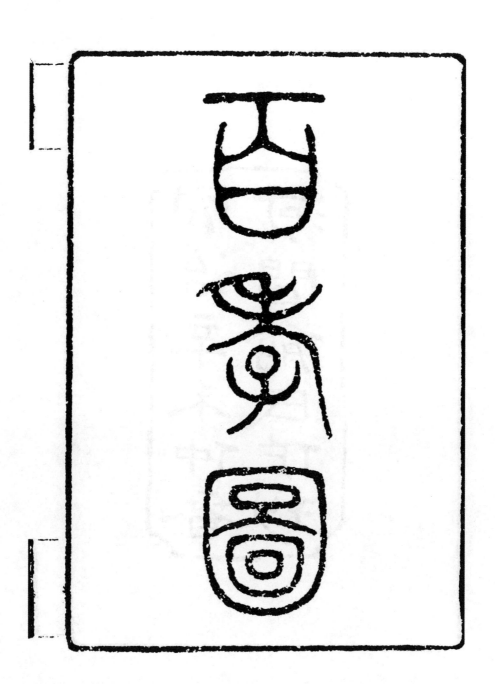

同治辛未仲春
河間俞氏作刊

序

方今善士著書勸世者大要有三務清靜而談道教持戒律而參禪說述因果而衍傳奇傳奇者託言以寓意半多塗飾無論矣即清靜戒律之說亦蹈其虛

無裨於身心倫紀孰知敦家自有本原勸世必基切近易於發人深省爲百行之先務者莫過於孝乎哉謂孝之道大矣其精誠能動天地通神明釋禨祥消暴戾夫豈易言者然人莫不有親性

本無不善良知良能蓋生而具
徃〻以年齒漫長爲嗜好所乘
流於放蕩遠背習焉而不察怙
終以自安如孟子所謂世俗不孝
之五無他蓋童能失於提撕無
所觀感耳會稽俞君蘭浦敦品

節期以孝勸人追溯聖帝明王下逮於臣庶窮閻推廣廿四孝圖說數千百年間得孝行昭著者百人列小序各題五言一語合駢儷詩五十韻乃兄仰山惜其未傳捐俸欲伸其志倩名手繪

圖刊刻成書伯仲間力果心精
洵可謂樂善不倦矣我
朝以孝治天下昔
聖祖御宇初年頒製
聖諭廣訓敦孝弟以重人倫等凡十六
條於學宮各直省疆吏率庶官

於月朔望宣講較古鄉社禮每歲十四讀法尤嫩備焉猗歟盛哉超歷代所未有也茲俞氏遵崇上行良法輯刊是書欲使家喻户曉凡為父兄長上編摹熟復即孩提婦孺輩亦朝夕樂聞

從此發其深省孝思必有油然生者培童稚以端本啓庸衆之性靈於世道人心足相維繫乎猥以秉鈞兼持粵節年來海甸乂安餘暇漸次可格有志於化民成俗猶未逮也因披閱是書

而快愉焉故特為之序云
同治癸酉季秋之望文華殿大學
士督粵使者長白瑞麟撰並書

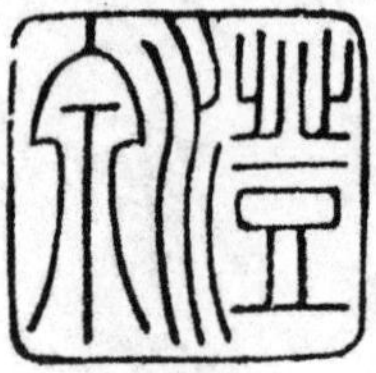

百孝圖説序

自古帝王化民以孝治天下聖賢覺世以孝明人倫誠以孝爲萬化之原百行之本而斯世斯民之所共由也故孝行於家則昭一門之豫順孝闡於國斯釀宇宙之太和則孝之道以

維世教感人心者伊古然矣曠觀詩
書所載經史所傳其德位並隆孝行
卓著者固盡乎人倫之至而為後世
法即愚夫愚婦其孝性純篤足以格
天地感神明而風雲雷雨為之呵護
鳥獸草木莫不效靈其潛德幽光雖

百世下聞風而興起者何也秉彝好德人心有同然也乃今觀之百孝圖說而歎其得乎人心之同然矣蓋百孝圖說者俞蘭浦先生所手著也上自虞舜下迄前明博採史傳旁及雜錄其閒聖帝明王賢士大夫以及婦

人孺子其孝行昭然在人耳目者為之繪圖著説紀其事蹟括以韻語他如祥和之感召報施之神速又復為之繁稱博引其所以昭示後人者至深切矣夫誰非人子誰無父母後之覽者望古遥集反躬内省有不油然

動其愛敬之心翕然興其底豫之化者乎則是編之有裨於世教人心者豈淺鮮哉余閱是編因想見蘭浦之爲人其天性之肫誠家庭之孝友必有大過人者惜未身居顯要生平懿行弗獲表見壬申秋與其文郎子謀

少尹共事海汕公餘之暇敬述顛末
爰出是編余固欣然而爲之序旹
同治壬申小陽月闕里孔昭浹題於
汕局之望海樓

自序

粵東顔子所題百美新詠括以韻語
袁簡齋太史謂其五字抵華星雖義
洽春秋體兼風雅而貞淫雜錄妍媸
並載究不若表庸行於至孝發潛德
之幽光更有關於名教也孝為百行
之首昔人有圖二十四孝而詠其事
者顧秉彝之好亙古常昭悉數難終

然自有虞以来五千有餘歲矣積世愈久成德愈多其中湮没不傳者何可勝慨真不揣固陋爰就見聞所及綜古今来孝行卓著者得百人百事亦成五言五十聯顏曰百孝圖説非敢效顰聊記篇目即識之以續貂亦不計也但使仁人孝子讀是編者如見其人如聞其風愛敬之心油然自

生則是篇之集未必非至德要道之
一助耳書成並贅其緣起於簡端云
時
咸豐癸丑七月既望俞葆真誠甫誌

序

百孝圖說者吾友俞蘭浦先生客中隨筆也蘭浦夏間見予有百美新詠乞借一觀於是鐙窗餘閒觸其著述即仿百美之式著為百孝圖說自帝

舜始以迄前明共得百人每人名次綴以五言韻語一句括其事實然後各繫傳説里居姓氏出處孝感搜羅宏富縷晰詳明將付梨棗而以副本寄予并乞一言為序公餘披讀不覺

輾然喜曰吾今而知蘭浦之學更有
進也夫吾人之立説著書原與小夫
學究悍然逞其烏喙鴃舌以創爲小
説者異故其書茍無關於天下國家
身心性命雖係鏤金刻玉究屬虚談

縱極製鴻裁總歸無用若百美新詠
其中雖寓貞淫正變傳載詞語亦甚
周詳蘊藉要不過供騷人逸士一時
把玩孰若此編舉數千百年之孝子
仁人於尺幅初味韻語則粗知大槩

繼披傳說則并其甘旨辛勤醫禱苦
楚以至雷雨風雲禽魚虎豹報應之
奇徵驗之幻鬚眉若揭羹牆如見無
論公卿大夫以及士庶人皆欲各置
一本於左右内足以躬行體驗隨時

省察外足以教子課孫宜民及物斯有道君子之所為也所謂醴泉芝草不若布帛菽粟之有功於人世者其此書之謂歟蘭浦為人瑰奇倜儻不茍言笑不以詩炫而世亦莫知其能

詩者此集清詞麗句古筆排奡他日剞劂告成直與劉郎樂府唱遏武陵杜氏新詩遠傳高麗矣予老矣一官匏繫筆墨就荒惜無燕許手筆抒寫雕龍佳製不過管見之顛末如是以

志之而已是爲序
咸豐三年秋七月仁和裘愷齊題於
鳳山官廨之哦松館時年七十有六
同治九年秋九月茂名周朝勳謹書

孝為百行之源故教孝勸忠賢
哲首重揚孝亦庸述古之以孝
著未必為傳世之心而感以格天地
洽神明化及鄉國佐成雍熙國
史家乘備載博徵良資垂訓俾
人永之典型予為唐李懋謇草

上忠孝圖宋蔡襄並上孝經圖
惟皆卷帙浩繁且至坊板又鄙里
閭婦稚目不辨之至其詁難解者
友仰山先生至性誠篤夙敦孝
友乃弟蘭浦早歲著有百孝詩
并錄歷代孝行百則以虞舜為

首逮及士女婦稚凡民可以取法
者皆錄之從可知自天子至於庶
人一是皆以孝親為本全圖意
亦深且切矣今得
仰山存而輯之且為繪成圖說
窮流溯源條分縷晰 蟄白跋

蘭浦未完之志臣訪以爲勸孝
計者何如哉凡民血氣讀臣書
當可勃然興起即目不辨之無
者亦可按圖索解樂于講論而
言淺旨顯視李蔡二圖爲易講
臣添傳觀或肅民述于國史家

乘者書成屬予校正作序顧予竊以為忠孝同源倘得再輯忠臣圖說合而梓之尤足為勸世之津梁此書

仰山急欲剞劂示肯留為枕中秘故為校正并序其崖畧而復

推廣其意而覽此書者亦莫

負此一片婆心乎時

同治九年六月愚弟朱世忠跋識

百孝圖說叙

古人著書立說不矜奇異必身行心得之餘本德行以發為文章修己勵人訓垂後世覺乎莫可及矣夫經史燦陳罔非法誡余與蘭浦弟童年失怙恪遵母教及長經營菽水坐是廢讀然猶不克顯揚為寸草春暉之報憾莫大焉蘭浦素性耿介治家嚴肅常言為宗祖教子孫亦可補孝養之

不逮爰采古來孝行事蹟分綴五言作百孝詩並欲每句繪圖萃成一冊因循未果值咸豐甲寅冬羊城戒嚴挈眷遷避端江寢疾不起賷志以終余思完其志十餘年矣公私交迫未暇物色畫工遺帙久存篋中己巳冬因就正於吾友鄭君紀常大加獎詡為寄陳村何君雲梯請任繪事庚午秋成圖百帙迺慫余付剞劂憶蘭浦未竟

之苦心敦迫者紀常踵成者雲梯徵二君將咎余稽延歲月無以慰蘭浦於九京後之覽者亦將有感於斯圖是為序

同治庚午菊月鑑湖漁叟識于養珊仙館

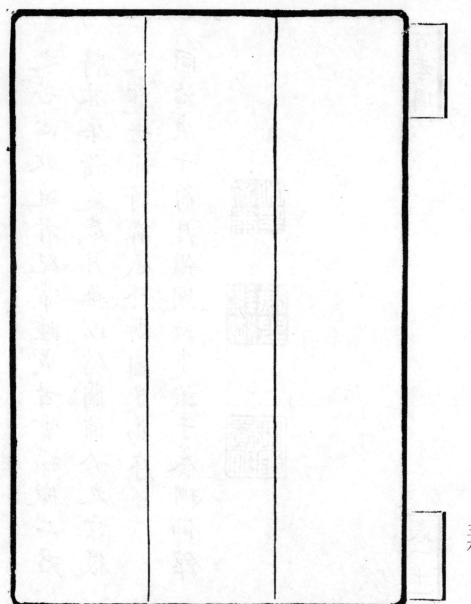

序

百行以孝為先此語讀書中人固所常誦即山童邨婦亦無不共聞何以有孝行著者竟罕見耶雖然城市鄉黨間

行可稱孝者亦有其人但未收諸史冊遂爲泯沒耳況邇來世風日下沿習澆漓不知孝出天性直然反以孝作另成一事且擇古人投爐埋兒

為忍心害理指暑不驅蚊為
損親遺體殊未審孝只在乎
心不在乎跡盡孝無定形行
孝無定事古之孝者非在今
所宜今之孝者難泥古之事

因此時此地不同而其人其事各異求其所以盡孝之心則一也子夏白事父母能竭其力故孔門問孝所答何嘗有同然乎 仰山先生攜其

先弟蘭浦所撰百孝詩纂百孝傳屬余繪百孝圖可謂兄弟同心致孝而詠天下人从知孝矣余因事阻轉寓於鳳城雲梯何君以圖之增刪付

梓兩易寒暑今始告竣首忘
不敢聊序數語願觀是圖者
加勉孝思勿以今人而薄古
人能孝未必泯沒於史冊也
同治辛未仲春紀常鄭績

宗兄仰山蘭浦本
孝友素著人咸稱
之茲得古聖先賢
友孝事迹繪圖注
說名曰百孝圖俾
愚夫愚婦閱之而

莫不各埶其孝也其意蓋欲推己之孝以成人之孝假西人之孝以化天下民舉人之不孝者此誠仁人君子

之用心也我子曰
惟孝多于是身仰
山蘭浦昆仲著百
孝圖說之謂歟
同治十年歲
次辛未季春

甯學宗遺書
曲園叙

百孝圖總目

附錄蘭浦百孝詩存

大孝格天地
三朝定省期
淚收持筍返
心痛荷薪馳
順母單衣御
思親兩橘遺
炊莎誠感夢

埋兒獲金　漢郭巨
淚洗漆字　南齊袁昂
賣身葬父　漢董永
種瓜營葬　齊韓靈珍
刻木如生　漢丁蘭
拾椹異器　漢蔡順
詣門貸漿　梁陸襄
羣烏銜土　漢顏烏

饑饉忍埋兒
漆字含悲洗
蕪墳鬻體爲
種瓜完素願
刻木慰烏私
拾椹感猶別
量漿數適宜
羣烏銜土築

雙鯉湧泉隨
齠齔悲留硯
蓼莪廢咏詩
溫衾虞父冷
泣杖痛慈衰
冰鯉求偏獲
山君拜致詞
恣蚊憑體憯

搤虎拯親 漢楊香
躬滌溺器 宋黃庭堅
哀毀支節 北魏王崇
嘗糞心憂 南齊庾黔婁
聞哀輟社 魏王修
盜恤孝子 漢趙咨
念親卻虎 宋朱泰
葡萄遺母 唐陳叔達

搤虎拯親危
溺器勤躬滌
哀節帶疾支
糞甜心恐懼
社輟感悽其
義士名嘉矣
餘生虎畀之
葡萄消母渴

抱柩風息 梁庾沙彌

諱名避石 宋徐積

投江覓父 漢曹娥

竹筒寄魚 漢杜孝

雙鶴來庭 梁庾域

上書贖父 漢緹縈

天賜靈丹 陳少卿

夜績養姑 漢陳少婦

風猛抱棺悲

避石因防諱

投江誓覓屍

寄魚心切切

尋鶴意孜孜

書上君蠲罪

心虔帝賜醫

養姑堅夙諾

借馬醫親 宋崔勇
對芋嗚咽 漢鮮于文宗
拋書念父 晉趙至
祝堇獲粟 晉劉殷
枯苗更生 陳吳明徹
甎竈生泉 劉宋王彭
蓮花不萎 齊蕭子懋
神授石函 梁蕭叡明

借馬賴神祇
對芋恒嗚咽
拋書致涕洟
堇生纔止泣
苗長復奚疑
葬畢泉方竭
齋完萼不萎
丹書圖日月

竹攢復榮 齊蕭子罕
燈竹綠攢帷

乞代父命 梁吉翂
撾鼓申重命

投鑪成金 三國吳李娥
投鑪免百罹

江心湧石 漢隗相
心誠江湧石

孝感山移 元李忠
孝感地移基

不衣緜帛 宋朱百年
郤絮寒侵體

減算益親 明顧鼎臣
焚香祝介眉

神傳吉地 周裴俠
天神傳地葬

蝗不害苗 明顧仲禮
雲護山穴 元楊皋
暑月求冰 元湯霖
盡孝全忠 明曹鼎
博施錫類 宋查道

蝗去疾風吹
雲護山前穴
冰流哭後澌
克忠斯盡孝
錫類故能施

百孝圖元冊目錄

埋兒獲金
淚洗漆字
賣身葬父
種瓜營葬
刻木如生
拾椹異器
詣門貸漿
羣烏銜土

百孝圖説卷一 元冊

會稽俞葆真蘭浦編輯

兄泰仰山甫繪刊

男枚 棠 權 等仝校訂

象耕鳥耘

象耕鳥耘

虞舜帝瞽瞍之子性至孝父頑母嚚弟象傲舜耕於歷山有象爲之耕鳥爲之耘其孝感如此帝堯聞之事以九男妻以二女遂以天下讓焉 朱子廿四孝事蹟 孔子

曰舜其大孝也與又曰舜其至
孝矣五十而慕孟子曰大孝終
身慕父母五十而慕者予於大
舜見之矣又曰人悦之好色富
貴無足以解憂者惟順於父母
可以解憂又曰舜盡事親之道

而瞽瞍底豫瞽瞍底豫而天下化瞽瞍底豫而天下之為父子者定此之謂大孝帝生於姚墟故姓姚攝位二十八年在位五十年四子書

寢門三朝

寢門三朝

周文王之爲世子朝於王季日三雞初鳴而衣服至於寢門外問內豎之御者曰今日安否何如內豎曰安文王乃喜及日中又至亦如之及暮又至亦如之

其有不安節則內豎以告文王文王色憂行不能正履王季復膳然後亦復初食上必在視寒煖之節食下問所膳命膳宰曰末有原應曰諾然後退武王帥而行之不敢有加焉文王有疾

武王不説冠帶而養文王一飯亦一飯文王再飯亦再飯旬有二日乃間禮記世子篇

入林哭筍

入林哭筍

晉孟宗少喪父母老疾篤冬日思筍煮羹食宗無處可得乃往竹林中抱竹而泣孝感天地須臾地裂得筍持歸作羹奉母食畢病愈 朱子廿四孝事蹟

宗字恭武本東吳江夏人孫皓傳註曰孟宗母嗜筍冬節將至時筍尚未生宗入竹林哀嘆而筍爲之出得以供母皆以爲至孝所感

嚙指痛心

囓指痛心

周曾參字子輿事母至孝參嘗採薪山中家有客至母無措望參不還乃囓其指參忽心痛負薪以歸跪問其故母曰有遠客至吾囓指以悟汝爾

王充論衡

曾子養曾皙必有酒肉將徹必

請所與問有餘必曰有孟子曰若曾子則可謂養志也曾晳嗜羊棗而曾子不忍食羊棗曾子有疾召門弟子曰啟予足啟予手詩云戰戰兢兢如臨深淵如履薄冰而今而後吾知免夫小子 四子書 曾子魯南武城人鄫國

之後黜之子孔子弟子述孔子所傳大學之道作傳十章孔子以其志存孝道因之作孝經唐封郕伯宋封郕國公與顔孟並配享元封郕國宗聖公明嘉靖九年改稱宗聖曾子

蘆衣忍凍

蘆衣忍凍

周閔損字子騫早喪母父娶後母生二子母疾損冬月以蘆花衣之其所生二子衣以綿絮損為父御車體寒失轡父責之損不自理父知之欲出後母損曰母在一子寒母去三子單遂止後母悔亦成賢母說苑孔子曰孝哉閔子騫人不間於其父母昆弟之言四子

書閔子魯人孔子弟子唐從祀封費侯宋封費公明嘉靖九年改稱先賢閔子

懷橘貽親

懷橘貽母

後漢陸績年六歲於九江見袁術術出橘待之績懷橘二枚及歸拜辭墮地術曰陸郎作賓客而懷橘乎績跪答曰吾母性之所愛欲懷歸以貽母術因奇之（吳志）績字公紀吳郡人博學多識孫權時拜鬱林太守其父康曾爲廬江太守與袁術交好故術待之甚厚

夢覺尋父

夢覺尋父

明王原文安人父珣以家貧役重逃去原稍長問父所在母告以故號泣辭母遍歷山東南北一日渡海至田橫島假寐神祠中夢至一寺當午炊莎和肉羹食之一老父至驚覺原告

之夢請占之老父曰若何爲者曰尋父老父曰午者正南位也莎根附子肉和之附子膾也求諸南方父子其會乎原喜謝去至輝縣帶山有寺曰夢覺原心動天雨雪臥寺門外及曙一僧啟門出駭曰汝何人曰文安人

尋父而來時珣方執爨竈下僧謂之曰若同里有少年來尋父者若倘識其人珣出見原皆不相識問其父姓名則王珣也珣亦呼原乳名抱持慟哭父子相持歸夫妻子母復聚原子孫多仕宦者明王原本傳

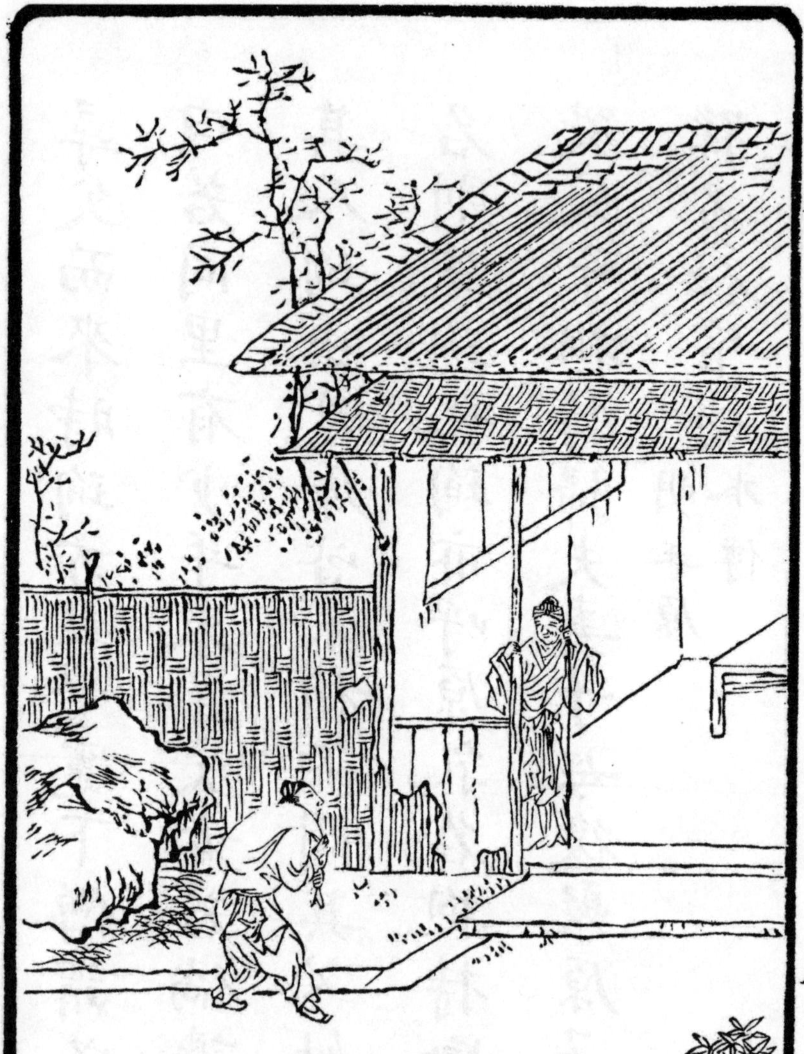

爲親負米

爲親負米

周仲由字子路家貧常食藜藿之食爲親負米百里之外親歿南遊於楚從車百乘積粟萬鍾累裀而坐列鼎而食乃歎曰雖欲食藜藿爲親負米不可得也（劉向說苑）孔子曰由也事親可謂生事盡力死事盡思者也（家語）仲子又字季路魯卞人孔子弟子唐從祀封衞侯宋封衞公明嘉靖九年改稱先賢仲子

白魚供母

白魚供母

宋高登事母至孝嘗舟行至封康間阻風方念無以奉晨膳忽有白魚躍于前以供母高登傳登又有銜鹿之事登母久病未差思食鹿肉忽一虎銜鹿置門母食肉病遂愈綱目

舞綵娛親

舞綵娛親

周老萊子至孝奉二親極其甘脃行年七十言不稱老嘗作五綵斑斕之衣爲嬰兒戲於親側又嘗取水上堂詐跌卧地作嬰兒啼以娛親意萊子又有弄雛娛親之事嘗弄雛于雙親之側欲親之喜高士傳

孝馴野兎

孝馴野兎

隋華秋事母至孝母疾秋容貌毀悴鬚髮頓改母亡絕櫛忘沐負土成墳廬于墓側時大獵有一兎人逐之奔入秋廬中匿秋膝下獵人異而免之自爾此兎常宿廬中馴其左右郡縣嘉其孝感以狀聞後羣盜起往來廬之左右相誡曰勿犯孝子鄉人賴全活者甚衆隋書本傳又後漢蔡邕性篤孝母卒廬于冢側動靜以禮有兎馴擾其室傍事同

鹿乳供親

鹿乳供親

周剡子性至孝父母年老俱患雙目思食鹿乳剡子乃衣鹿皮入深山鹿羣之中取乳供親獵者見而欲射之剡子以情告乃免

朱子廿四孝事蹟

三載侍疾

三載侍疾

前漢文帝高祖第三子名恒在位二十二年初封代王生母薄太后帝奉養無怠母嘗病三年帝目不交睫衣不解帶湯藥非口親嘗勿進仁孝聞天下朱子廿四孝事蹟

刺血書經

刺血書經

宋顧忻以母病葷辛不入口者十載母老目不能覩物忻日夜號泣祈天刺血書佛經數卷母目忽明不燭能縫紉九十餘無疾而終宋史本傳

行傭備養

行傭偹養

後漢江革少失父獨與母居遭亂負母逃難數遇賊或欲刼將去革輒泣告有老母在賊不忍殺轉客下邳貧窮裸跣行傭供母凡母便身之物莫不畢給（朱子）

（廿四孝事蹟）革字次翁齊郡人事母自輓車鄉里交稱巨孝遷諫議大夫名聞天下一説南北朝江革字休映考城人少失父獨與母居行傭供母賊起出身迎之賊感其孝而去蓋另一江革耶（俱氏族箋）

埋兒獲金

埋兒獲金

漢郭巨字文舉林縣人家貧有子三歲母常減食與之巨謂妻曰貧乏不能供母子又分母之食盍埋此子子可再有母不可復得妻不敢違巨遂掘坑三尺餘忽見黃金一釜金上有字云天賜黃金郭巨孝子官不得奪民不得取朱子廿四孝事蹟

淚洗添字

淚洗漆字

南齊袁昂父顗爲宋明帝所殺傳首建鄴藏於武庫以漆題顗名以爲誌至元徽中始以還其家昂年十五號慟嘔血絶而復蘇以淚洗所題漆字皆滅人以爲孝感仕齊爲豫章内史丁母憂以喪還江路風潮暴駭昂縛衣著柩誓同沈溺風止餘船皆沒惟昂船獲全位司空年八十卒袁昂傳

賣身葬父

賣身葬父

董永青州人漢末奉父避兵安陸父歿貧錢於里人裴氏營葬畢欲請爲奴以償忽遇一婦求爲永妻錢主令織縑三百足贖永一月而具遂辭永曰吾織女也天帝感君之孝令我助君言訖凌空而去 孝子傳

種瓜營葬

种瓜營葬

齊韓靈敏與兄靈珍早孤並有孝性家貧無以營葬共種瓜半畝朝採瓜子暮已復生未嘗減耗葬事由此得舉

齊書

刻木如生

刻木如生

丁蘭者河内人也少喪考妣不及奉養乃刻木為人髣彿親形事之若生隣人張叔妻從蘭妻有所借蘭妻跪報木人木人不悦不以借之叔醉來誶罵木人以杖擊其頭蘭還見木人色不懌乃問其妻妻告以故即奮劍殺叔吏捕蘭蘭辭木人木人見蘭為垂淚郡縣嘉其至孝通於神明圖其形像於雲臺 孫盛逸民傳

拾椹異器

拾椹異器

漢蔡順字君仲汝南人少孤事母至孝遭王莽亂歲荒不給拾桑椹赤黑異器赤眉賊見而問之順曰黑者味甘奉母赤者味酸自食賊憫其孝以白米三斗牛蹄一隻與之順不受合璧群類又母終未葬火逼其舍順伏棺號哭火越他舍去其母平生懼雷每雷震輒圜塚泣曰順在此累舉孝廉不就本傳

詰門貸粲

請門貸漿

梁陸襄母猝患心痛醫方須三升粟漿是時冬月日又逼暮求索無所忽有老人詣門貨漿量如方劑始欲酬值無何失之時以爲孝感所致襄字師卿餘千人少有大志與里閭落落不合刺史趙政問故襄曰世降道衰人各趨利是以索居政深器之累遷鄱陽内史平妖賊封餘干侯梁書本傳

羣烏銜土

羣烏銜土

漢顔烏事親至孝父亡負土築墳羣烏銜土助之其吻皆傷因以名縣王莽改爲孝烏以彰其行即今浙江金華府東陽縣也 漢書

湧泉躍鯉

湧泉躍鯉

漢姜詩事母至孝妻龐氏奉姑無倦母好飲江水去舍六七里妻私出汲歸而奉之母更嗜魚膾又不能獨食夫婦常力營供膾召鄰母共食舍側忽有湧泉味如江水日躍雙鯉時取以供母東觀漢記

詩字士游西蜀漢州人事母至孝妻龐氏奉順尤篤母好飲江水水去舍六七里妻嘗泝流而汲後值風過時未還母渴詩責而遣之妻乃寄止鄰舍晝夜紡績市珍羞使鄰母以意自遺其姑久之姑怪問鄰母具對姑感慚呼還漢書

執硯涕泣

執硯涕泣

晉范喬年二歲時其祖馨臨終撫喬首曰所恨不得見汝成人因以所用硯與之至五歲祖母以告喬喬便執硯涕泣晉書附錄喬錫類之孝喬臘夕有盜其薪者人告喬喬佯不聞盜愧而還薪喬曰取薪與父母相懽耳何愧乎遂遺薪以還盜

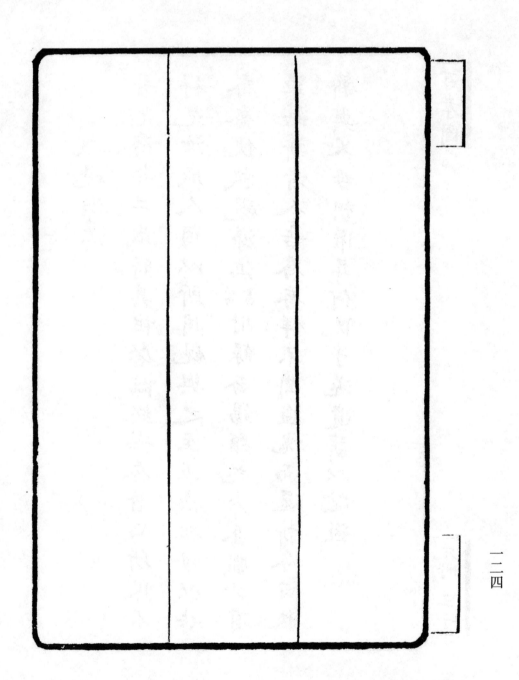

百孝圖亨冊目錄

求增父秩
袖劍誅仇
棄官尋母
入夢見親
烹鷄奉母
冒刃保姑
泣滅原燎
抱柩風息

百孝圖説卷二 亨冊

會稽俞葆真蘭浦編輯

兄泰仰山甫繪刊

男枚棠權等仝校訂

蓼莪廢詩

蓼莪廢詩

魏王裒事親至孝母存日性怕雷既卒葬於山林每遇風雨聞雷響震之聲即奔至墓所拜跪泣告曰裒在此母親勿懼嘗讀詩至哀哀父母生我劬勞未嘗不三復流涕門人爲廢蓼莪之篇裒字偉元脩之孫父儀以直言忤司馬昭見殺裒痛父死於非命終身未嘗西向而坐示不臣晉也廬於墓側攀柏悲號涕泣著樹樹爲之枯晉史孝友傳

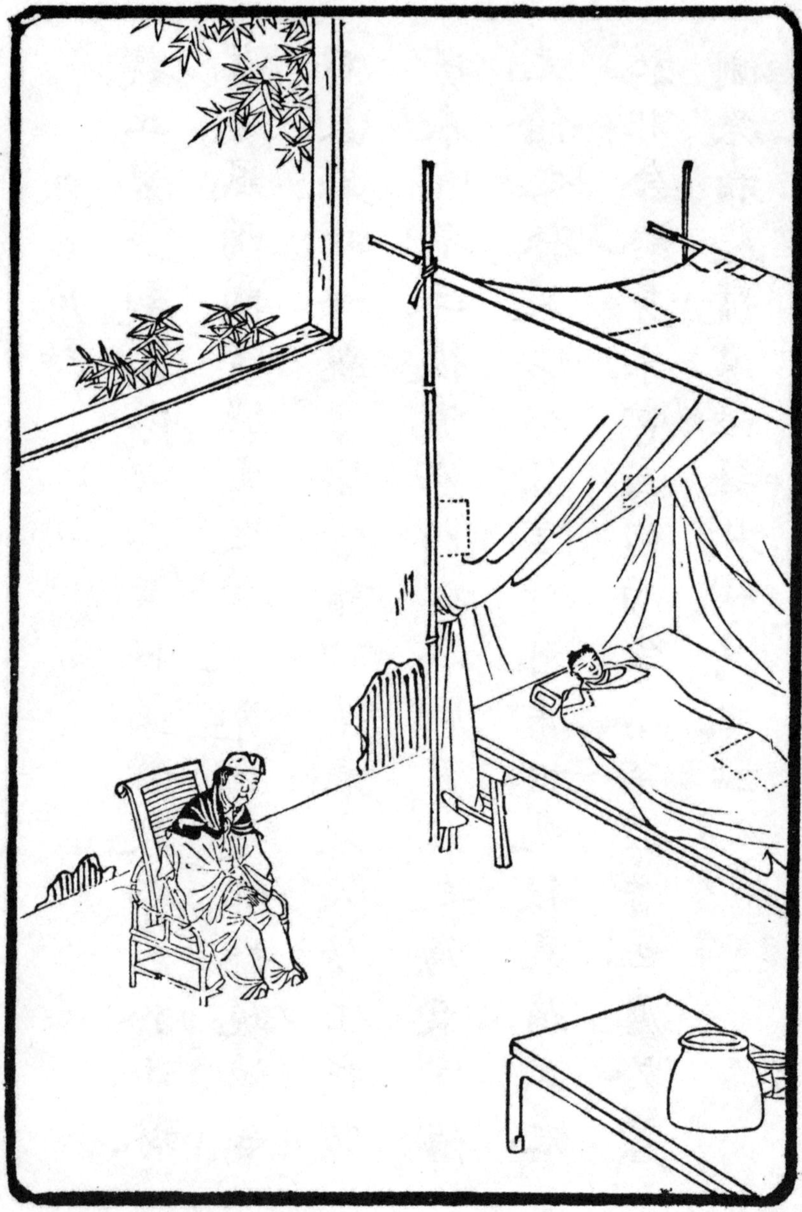

扇枕温衾

扇枕温衾

漢黄香年九歲失母思慕惟切鄉人稱其孝躬執勤苦事父盡孝夏天暑熱扇涼其枕簟冬天寒冷以身煖其被席太守旌表而異之後漢書文苑傳香字文彊江夏人父况貧無奴僕香躬執勤勞盡心供養九歲失母時哀毀骨立博學能文章肅宗詔詣東觀讀秘書號曰天下無雙江夏黃香累遷尚書令東觀漢紀

親衰泣杖

親衰泣杖

漢韓伯瑜性至孝時有過其母杖之大泣其母曰他日笞之未嘗泣今悲泣何也伯瑜對曰他日笞之痛知母康健今母之力衰不能使痛是以泣也說苑

本圖原仿廿
四孝舊圖繪
卧冰因與圖
說不合再查
史載並無卧
冰之語兹依
史更正
癸酉仲夏識

剖冰求鯉

晉王祥性孝早喪母繼母朱氏不慈數譖之父前由是失愛於父其母嘗欲食生魚時天寒冰凍祥解衣將剖冰求之冰忽自解雙鯉躍出持歸供母鄉里驚歎以爲孝感所致晉書祥字休徵沂州人少有至性繼母朱氏不慈每使掃除牛下祥孝事愈恭父母有疾

衣不解帶湯藥必躬嘗母嗜魚鮓會冰凍不可得祥解衣將剖冰求之冰忽自解雙鯉躍出持之而歸母又思黃雀炙忽有雀數十飛入其幙遂取以奉母鄉里驚歎祥後母弟覽亦具至性愛兄甚篤年數歲見祥被母楚輒涕泣抱持甫成童每諫其母母虐爲之稍減母屢以非理使祥覽輒自

與分勞又虐使祥婦覽婦輒趨而與俱母患之爲止（王祥王覽傳）王覽字元通覽母朱氏密使酖祥覽知之竟取酒祥疑其有毒爭而不與朱遽奪反之自後朱賜祥饌覽輒先嘗朱懼覽致斃遂止（晉史）按王覽不惟愛兄甚篤且能致親不陷于不慈此誠爲大孝者也（小學外篇）

爲親拜虎

爲親拜虎

明包實夫遂遇虎銜衣入林中釋而蹲實夫拜請曰吾被食命也如父母失養何虎即舍去後人名其地爲拜虎岡又蘇奎章從父入山猝遇虎奎章倉皇泣告願舍父食己虎曳尾徐去均謝定任傳

暑不驅蚊

暑不驅蚊

晉吳猛年八歲事親至孝家貧榻無帷帳每夏夜蚊多噆膚恣渠膏血之飽雖多不驅之恐其去已而噬其親也愛親之心至矣 朱子廿四孝事蹟 猛字世雲豫章分甯人

搤虎拯親

搤虎拯親

漢楊香年十四歲嘗隨父豐往田穫粟父爲虎曳去時楊香手無寸鐵惟知有父而不知有身踴躍向前搤持虎頸虎亦靡牙而逝父因得免害（朱子廿四孝事蹟）

順陽楊豐女香隨父往田穫粟豐爲虎所噬香年十四手無寸刃乃搤虎頸父遂得免太守言狀賜穀旌門（異苑）

躬滌溺器

躬滌溺器

宋黄庭堅元祐中爲太史性至孝身雖貴顯奉母盡誠每夕親自爲母滌溺器未嘗一刻不供子職

朱子廿四孝事蹟　庭堅字魯直號山谷分甯人仕國子監東坡嘆其詩獨立萬物之表薦云瑰琦之文絕妙當世孝友之行追配古人

哀毁支節

哀毀支節

北魏王崇兄弟並以孝稱母喪杖而後起鬢髮墮落母喪闋後丁父憂哀毀過禮是年夏風雹所過之處禽獸暴死草木摧折至崇田畔風雹便止禾麥十頃竟無損落及過崇地風雹如初咸稱至行所感北魏書本傳

嘗糞心憂

嘗糞心憂

南齊庾黔婁爲孱陵令到縣未及旬日父易在家遘疾黔婁忽心驚汗流即日棄官歸家時父疾始二日醫者曰欲知疾差劇但嘗糞苦則佳黔婁嘗之甜心甚憂之至夕稽顙北辰求以身代父死梁書本傳

聞哀輟社

聞哀輟社

魏王修年七歲喪母母以社日亡來歲鄰里祭社修感念母哀甚鄰里聞之為之輟社三國志

盗恤孝子

盜恤孝子

漢趙咨字文楚眤城人敬養老母有盜至劫之咨恐母驚乃先至門迎盜拜曰母老而病乞無驚駭衣糧任取餘無所請盜相謂曰此孝子義士也不可干犯遂去鄉黨稱其名又唐書載牛徽父蔚避地于梁嶶輿子扶藍輿歷閣路盜擊其首持輿不息嶶拜曰親老疾幸莫驚駭及前谷又逢盜輒相語曰此孝子共舍之事類此故附録

念親却虎

念親卻虎

宋朱泰事母至孝家貧鬻薪養母常適數十里外易甘旨以奉親一日雞初鳴入山及明憩于山足遇虎搏攫負之而去泰已瞑眩行百餘步忽稍醒厲聲曰虎食我恨我母無託耳虎忽棄泰於地走不顧如人疾驅狀鄉里稱其孝感目爲朱虎殘朱泰傳

葡萄遺母

葡萄遺母

唐陳叔達仕唐爲侍中高祖賜食葡萄叔達執而不食帝問其故答曰臣母患渴求之不能得歸啖母耳上流涕曰卿有母遺乎因賜之孝感帝心誠錫類之孝叔也世說

登堂拜乳

登堂拜乳

唐崔山南曾祖母長孫夫人年高無齒祖母唐夫人每日櫛洗升堂乳其姑姑不粒食數年而康健一日病長幼咸集乃宣言曰無以報新婦德願子孫婦孝敬新婦而已

朱子廿四孝事蹟

求增父秩

求增父秩

唐孫逖父嘉之第進士終襄邑令逖遷中書舍人是時嘉之且八十猶爲令逖求降外官增父秩帝遷嘉之宋州司馬聽致仕

唐書本傳

袖劍誅仇

袖劍誅仇

魏酒泉趙娥父安爲李壽所殺娥兄弟俱病死自傷父讐未報乃帷車袖劍白日刺壽於都亭因詣縣自首曰父讐報矣請受戮縣尹義之欲縱娥去娥不肯曰決獄君之常理何敢苟生以枉公法乎會赦得免魏志

棄官尋母

棄官尋母

宋朱壽昌年七歲生母劉氏爲嫡母所妬出嫁母子不相見者五十年神宗時棄官入秦與家人訣誓不見母不復還後行次同州得之母年七十餘壽昌父守雍時出其母劉氏母子不相知者五十年壽昌行四方求之不已飲食罕御酒肉與人言輒流涕熙寧初棄官入秦行次同州得焉雍守錢明逸以事聞詔壽昌還就官由是天下皆知其孝小學外篇

廿四孝事蹟

入夢見親

八　夢見親

齊宗室鏗三歲喪母及有識問母所在左右告以早亡自悲不識母常祈請幽冥求一夢見至六歲遂夢見一女人云是其母鏗悲泣向舊左右說容貌衣服皆如平時聞者莫不歔欷

南史齊宣都王鏗傳

烹鷄奉母

烹雞奉母

漢茅容字季偉陳留人年四十餘耕於野時與等輩避雨樹下衆皆夷踞相對容獨危坐愈恭郭林宗行見而奇之曰吾友也遂與共言因請寓宿旦日容殺雞爲饌林宗謂爲己設既而盡供其母自以草蔬與客同飯林宗起拜之曰卿賢乎哉因勸令學卒以成德

後漢書郭泰傳

冒刃保姑

冒刃保姑

唐盧氏者鄭義宗之妻也畧涉書史事舅姑甚得婦道嘗夜有强盜數十人持杖鼓譟踰垣而入刦其家家人皆逃匿惟有姑年老不能去盧氏乃冒刃立於姑側被賊笞擊幾死不避姑曰歲寒然後知松栢之後凋也信然及賊去後家人問何獨不懼盧氏答曰凡人之所以異於禽獸者以其有仁義也吾聞鄰里有急尚相赴救況在於姑而可委棄乎若萬一危禍豈宜獨生耶

姓氏箋註

泣滅原燎

泣滅原燎

晉夏孝先桐廬人父亡負土成墳廬其側時有野火燎山將逼塋域孝先環墓號慟鳥獸羣集以毛羽濡水洒火遂滅

晉書

抱柩風息

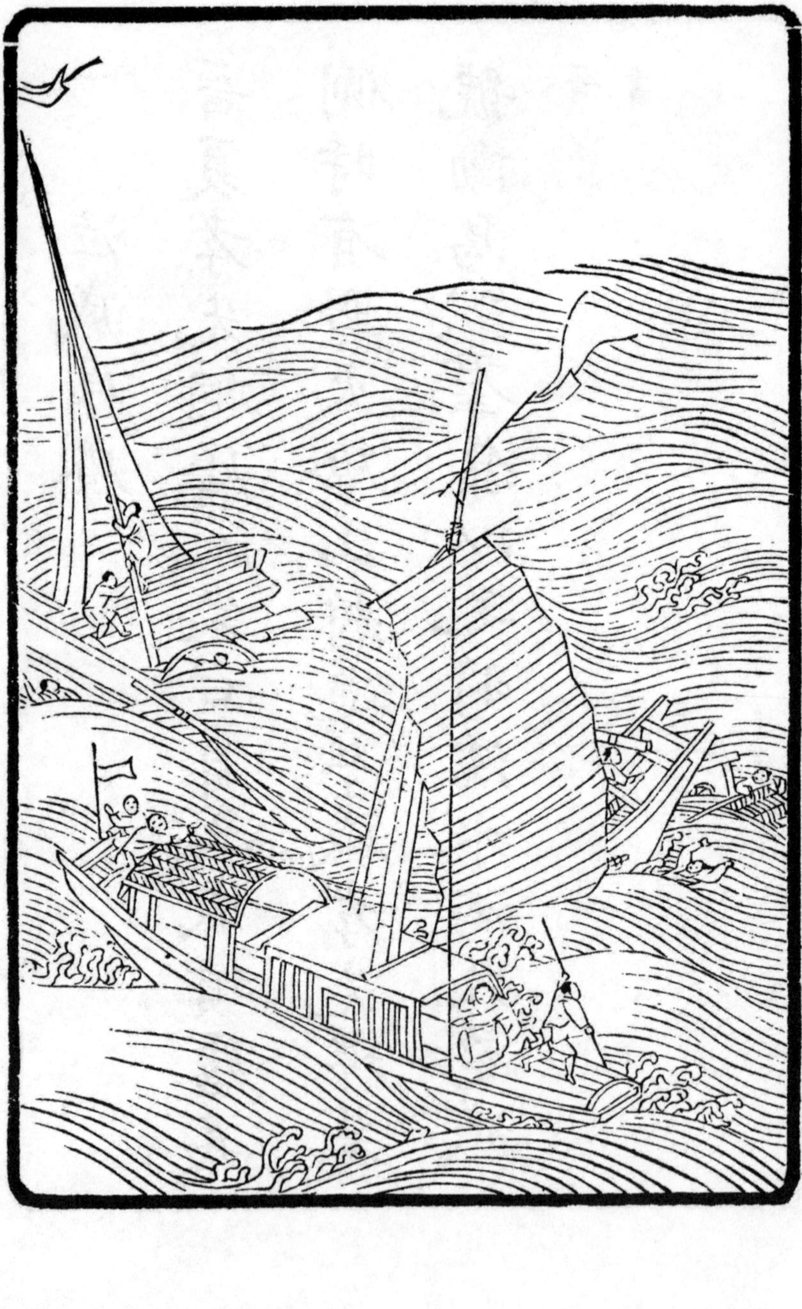

抱柩風息

梁庾沙彌嫡母歿晝夜號慟所坐薦淚沾爲爛母好噉甘蔗沙彌不食焉梁武帝召見嘉之除邵陵王參軍事隨府會稽復丁所生母憂還濟浙江中流遇風舫將覆沙彌抱柩號哭俄而風靜咸以爲孝感所致南史庾沙彌傳又世說庾子輿字孝卿父卒官巴西奉喪歸至巴東秋水大漲子輿撫棺長叫其夜水忽減退時人爲之語曰瞿塘水退爲庾公姓既同而事亦相類南史本傳又梁宗室脩年十二丁母艱自荊州反葬江中遇風前後部伍多沈溺脩抱柩長號血淚俱下竟得無恙南史宗室本傳

諱名避石

諱名避石

宋徐積字仲車安陽人以父諱石平生不用石器遇石則避而不踐或謂先生曰天下用石多矣必避之然後爲孝歟他日山行柰何先生曰此吾私跡則然吾豈固避之哉吾遇之怵然傷吾心乃思吾親不忍加足其上他日若有君命敢從私乎先生因具公裳見貴

官忽自思云見貴官尚必用公裳豈有
朝夕見母而不具公裳者乎遂晨夕具
公裳揖其母事母謹嚴非有大故未嘗
去其側日具太夫人所嗜或不獲即奔
走闤市人或慕其純孝損直以售之年
過壯未娶或勉之答曰娶非其人必爲
母病予非敢忘嗣固有待也太夫人飲
食時率家人在左右爲兒戲或謳歌以

說之故太夫人雖在窮巷而奉養與富貴家等無須臾不快也太夫人既以疾終先生號慟嘔血絶而復蘇哭不輟聲水漿不入口七日廬墓三年臥苫枕塊縗絰不去身至雪夜哀號伏墓呼太夫人問寒否如平生顛委僵仆手足皆裂不顧也謚節孝居士 宋書

投江覓父

投江覓父

漢曹娥上虞人父盱善巫祝午日迎神泝濤而上溺死不得其尸娥年十四乃投瓜於江曰父在此瓜當沈沿江號哭十有七日瓜沈娥遂投江而死抱父屍出上虞令以其事聞表爲孝女立祠江邊至今享祀不絕會稽典錄

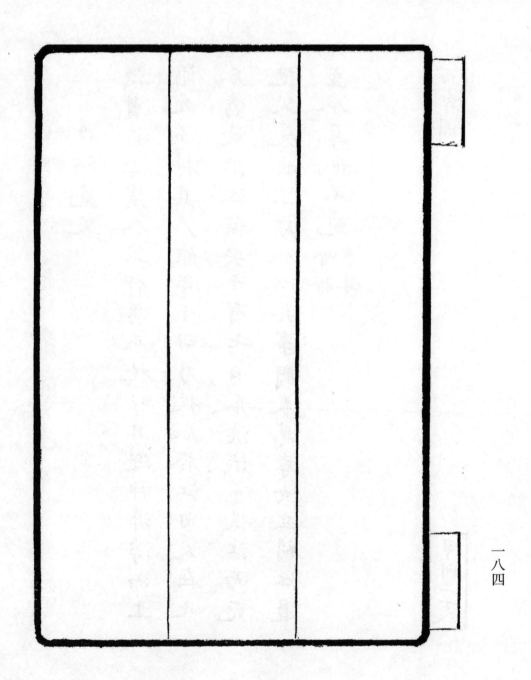

百孝圖利册目錄

夢母示丸
夢仙授藥
沙門遺瓜
滴血尋骸
至性格親
進魚感悟
借馬醫親
對芋嗚咽

拋書念父
祝堇獲粟
枯苗更生
甎竈生泉
蓮花不萎
神授石函
代父從軍
冰室凍饌

百孝圖說卷三 利冊

會稽俞葆真蘭浦編輯

兄泰仰山甫繪刊

男棠 枚 權 等仝校訂

竹筒寄魚

竹筒寄魚

漢杜孝巴郡人役在成都母喜食生魚孝於蜀截大竹筒盛魚江頭塞之以草祝曰願母得此作膾因投中流婦出汲乃見筒來觸岸異而取視有二魚含笑曰必我婿所寄熟而進之聞者歎駭其孝感所至 蕭廣濟孝子傳

雙鶴來庭

雙鶴來庭

梁庾域爲懷甯太守罷任歸妻子猶事井臼自衣大布餘俸專充供養母好鶴唳域所在尋求孜孜不怠一日雙鶴來下論者以爲孝感所致南史本傳

上書贖父

上書贖父

漢太倉令淳于意有女五人而無男孝文皇帝時淳于意有罪當刑是時肉刑尚在詔獄繫長安當行會逮意罵其女曰生女不生男緩急非有益少女緹縈悲泣隨其父至長安上書曰妾父爲吏齊中皆稱廉平今坐法當刑妾傷夫死者不可復生刑者不可復屬雖欲改過自新其道無由也妾願入身爲官婢以贖父罪使得自新書奏天子憐悲其意詔釋意罪並除肉刑傳列女

天賜靈丹

天賜靈丹

陳少卿母疾求醫不效夜半虔禱上天願求妙藥少頃金盤有聲果蒙天賜藥四十九粒母服之即愈孝子傳

夜績養姑

夜績養姑

漢陳孝婦年十六而嫁未有子夫當行戍臨别囑婦曰我生死未可知今有老母無他兄弟備養吾不還汝肯養吾母乎婦應諾夫果不還婦日夜紡績以養姑後其父母哀其少而無子將嫁之婦曰夫去時囑代供養其母既許諾之而不能信將何以自立欲自殺父母懼而止後姑八十餘而終盡賣其田宅以葬之沒身奉祀淮陽太守以聞使賜黄金四十斤號稱孝婦小學外篇

晨炊祭母

晨炊祭母

元胡光遠事親至孝母喪廬墓一夕夢母欲食魚晨起號天將求魚以祭奈無所得忽見生魚五尾列墓前得炊以祭母初獲魚時俱有嚙痕鄰里驚異方共聚觀有獺出草中浮水去衆知是獺所獻以狀聞於官表其閭至孝聞鄉里 胡光遠本傳

不忘酒訓

不忘酒訓

晉陶侃鎮武昌與僚佐殷浩等飲有定限嘗歡甚浩等勸更少進侃悽愴良久曰年少曾有酒失亡母見約故不敢踰

本傳

夢母示丸

夢母示丸

梁邱傑吳興人有孝行年十四遭母喪以熟菜有味不嘗于口歲餘夢母曰死止是分别耳何事乃爾荼苦汝啖生菜遇蝦蟇毒靈牀前有三丸藥可取服之傑驚起果得一甌甌中有藥服之下蝌蚪子數升邱氏世保此甌云邱傑傳

夢仙授藥

夢仙授藥

元陸思孝紹興山陰樵者性至孝母病思孝醫禱不效方欲刲股肉以進忽夢寐間恍若有神人者授以藥劑思孝得而異之即以奉母疾遂愈陸思孝傳

沙門遺尺

沙門遺瓜

梁滕曇恭南昌人年五歲母楊氏患熱思食寒瓜土俗所不產曇恭歷訪不得銜悲殊切俄遇見一沙門謂曰吾有兩瓜分一相遺還以薦其母舉室驚異尋訪沙門莫知所在及父母卒哀慟嘔血蔬食終身其門外有冬生樹二株忽有神光自樹而起俄見佛像及夾侍之儀容光顯著自門而入曇恭家人大小咸共禮拜久之乃滅人稱滕曾子梁書本傳

滴血寻骸

滴血尋骸

梁孫法宗有至行父被害海灘法宗入海求屍聞父
子以血瀝骨當即漬浸乃操刀沿海見枯骸則刻肉
灌血十餘年臂脛無完膚終不能逢遂終身衰經常
居墓所山禽野獸皆悉馴附每麋鹿觸網必解放之
償以錢物後忽苦頭創夜有女人至曰我是天使來
相謝行創本不關善人使者遠相及可取牛糞汁傅
之即差如其言果驗遂傳其方一境賴之 梁書本傳

至性格親

至性格親

漢薛包好學篤行父娶後妻而憎包分出之包日夜號泣不能去至被毆杖不得已廬於舍外旦入而灑掃父怒又逐之乃廬于里門晨昏不廢積歲餘父母慙而還之後服喪過哀既而弟子求分財異居包不能止乃中分其財奴婢引其老者曰與我共事久若不能使也田廬取其荒頽者曰吾少時所理意所戀也器物取其朽敗者曰我素所服食身口所安也弟子數破其産輒復賑給漢書

進魚感悟

進魚感悟

晉王延九歲喪母每至忌月則悲啼一旬繼母卜氏遇之無道恒以蒲穰及敗麻頭與延貯衣其姑聞而問之延知而不言事母彌謹卜氏嘗盛冬思生魚求而不獲延叩冰而哭忽有一魚長五尺涌出水上延取以進母食之積日不盡於是心悟撫延如己生 晉史

延西河人事親色養夏則扇枕席冬則以身溫被隆冬盛寒體常無全衣而親極滋味 小學外篇

借馬醫親

借馬醫親

宋崔勇隸廣西軍聞母病欲絕勇號天痛哭忽一道士曰借汝馬三日可到且有藥可愈母疾勇乘馬歸以藥進母病即愈少頃視馬乃凳也 稗史

對芋嗚咽

對芋嗚咽

漢鮮于文宗性至孝年七歲喪父父以種芋時亡至明年芋時對芋嗚咽如此終身說郛

抛書念父

抛書念父

晉趙至字景真代州人寓居雒陽緱氏令初到官至年十二與母同觀母曰汝先世本非微賤世亂流離遂爲士伍耳爾後能如此否至感母言詣師受業聞父耕叱牛聲投書而泣師怪問之曰我少未能榮養使老父不免勤苦師異之晉史

祝董獲栗

祝菫獲粟

晉劉殷字長盛勝州人七歲喪父哀毀過禮祖母王氏盛冬思菫而不言食不飽者一旬矣殷怪而問之王言其故殷時年九歲乃于澤中慟哭曰殷罪釁深重幼丁父艱罰王母在堂無旬月之養殷爲人子而所思無獲皇天后土願垂哀愍聲不絶者半日忽若有人云止止聲殷收淚視地便有菫生焉因得斛餘而歸食而不減至時菫生乃盡又嘗夜夢神人謂之曰西籬下有粟竊而掘之得粟十五鍾銘曰七年粟百石以賜孝子劉殷自是食之七載方盡晉書本傳

枯苗更生

枯苗更生

陳吳明徹幼孤性至孝家貧無以葬乃勤力耕種時亢旱苗稼焦枯明徹哀憤每之田中號泣仰天自訴居數日有自田還者云苗已更生明徹疑爲紿己及往田所竟如其言秋而大穫足充葬用時有伊氏者善占墓謂其兄曰君葬日必有乘白馬逐鹿者經過墳上此是最小孝子大貴之徵至時果有此應明徹即最小子也太建中明徹以侍中領軍北伐至秦郡高宗以秦郡爲明徹舊邑詔具太牢令拜祠上冢時以爲榮吳明徹本傳

甎竈生泉

甎竈生泉

劉宋王彭少喪父母家貧無以營葬晝則傭力夜則號泣鄉里哀之乃各出夫力助作甎甎須水而天旱穿井數十丈不得泉墓處去淮五里荷擔遥汲困而不周彭號天自訴一旦大霧霧歇甎竈前忽生泉水鄉鄰助之者並嗟神異縣邑近遠悉往觀之葬竟水便竭太守上其事表其里爲通靈里

南北朝
宋史

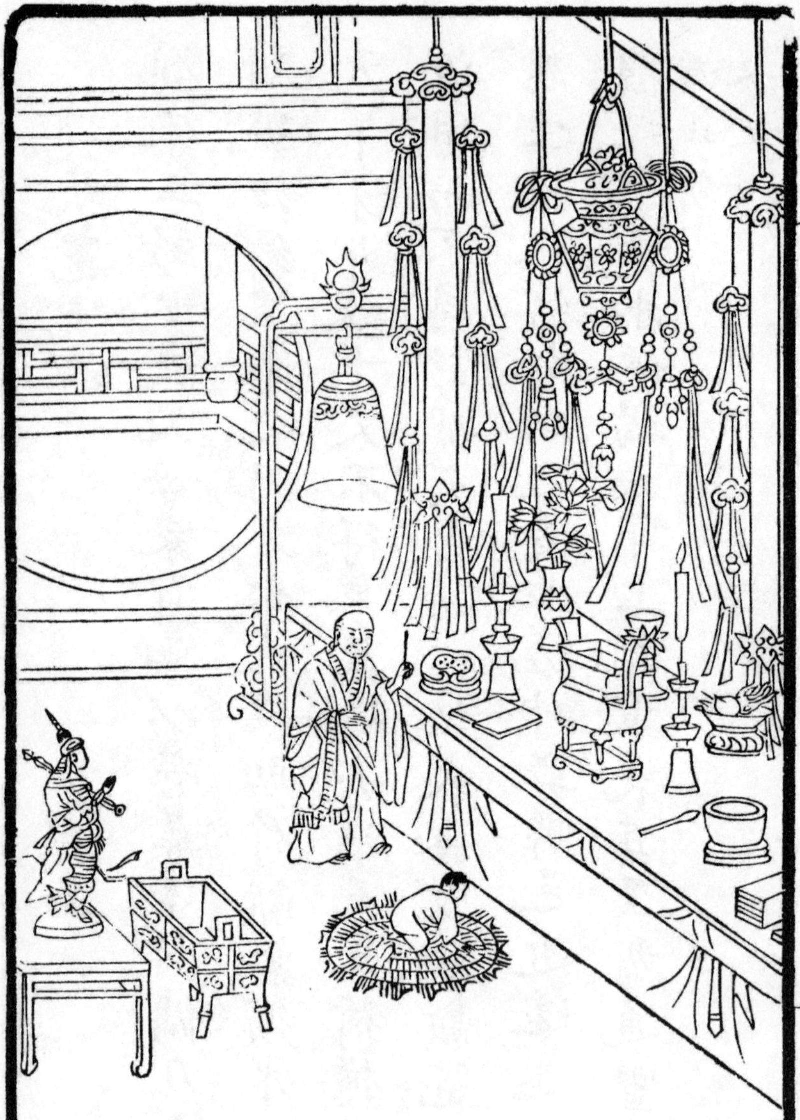

蓮花不萎

蓮華不萎

齊宗室子懋年七歲時母阮淑媛常病篤請僧行道有獻蓮花供佛者以銅甖盛水漬其莖子懋流涕禮佛曰若使阿姨因此和勝願甖中之華竟齋不萎七日齋畢華更鮮紅視甖中稍有根鬚當世稱其孝感南史齊晉安王子懋傳

神授石函

神授石函

梁蕭叡明母病風積年沈臥叡明晝夜祈禱時寒淚爲之冰如筯額上叩頭血亦冰忽有一人以小石函授之曰此療夫人病叡明跪受之忽不見以函奉母函中有三寸絹丹書日月字母服之即平復南史本傳

代父從軍

代父從軍

隋花弧商邱人有女名木蘭父病不能從軍爲有司所苦蘭女子男裝代父征戍十二年而歸其樂府辭有云昨夜見軍帖可汗大點兵軍書十二卷卷卷有爺名阿爺無大兒木蘭無長兄願爲市鞍馬從此替爺征其戍邊十二年無有知其爲女者其詞又有云出門看火伴火伴皆驚忙同行十二年不知木蘭是女郎雄兎脚撲朔雌兎眼迷離雙兎傍地走安能辨我是雄雌

隋史

冰室凍餼

冰室凍饌

漢韓王暑而求凍饌世子以私財作冰室取羹饌而藏之旣凍乃進於王韓王悅爲之賦懷冰

天祿閣記

精誠格火

精誠格火

晉何琦守萬倫繁昌人性至孝丁母憂居喪泣血杖而後起停柩在殯爲鄰火所逼烟焰已交家乏僮使計無從出乃匍匐撫棺號哭俄而風止火息堂屋一間免燒其精誠如此晉書本傳

追鹿得葠

追鹿得葠

梁阮孝緒字士宗尉氏人屏居一室非定省未嘗出户大中丞任昉望而嘆曰其室雖邇其人則遐鄱陽王妃孝緒姊也王嘗命駕造訪鑿垣而遁性至孝嘗於鍾山聽講母王氏忽有疾兄弟欲召之母曰孝緒至性冥通必當自至孝緒果心驚而反鄰里嗟異之合藥須得生人葠舊傳鍾山所出孝緒躬歷幽險累日不逢忽見一鹿前行孝緒隨之至一所而滅就視果獲此草母服遂愈（南史本傳）

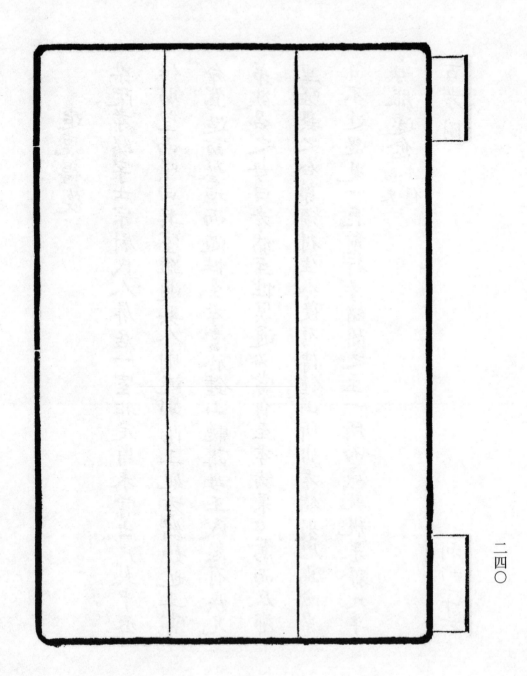

百孝圖貞冊目錄

拜柑奉母
分膳贍親
爲親茹素
鬻子買棺
麞來愈病
蝗不害苗
雲護山穴
暑月求冰

盡孝全忠
錫類博施

百孝圖說卷四 貞冊

會稽俞葆真蘭浦編輯

兄泰仰山甫繪刊

男棠 枚 權 等仝校訂

弱靈覓柩

芻靈覓柩

元史彥斌有孝行至正十四年河溢彥斌母柩爲水所漂彥斌縛草爲人置水中仰天呼曰母棺被水不知其處願天矜憐哀子之心假此芻靈指示母棺言訖涕泗横流乃乘舟隨草人所之經十餘日行三百餘里草人止桑林中視之母棺在焉元史

本傳

誠通夢寐

誠迎夢寐

齊劉歊奉母兄以孝悌稱寢食不離左右意有所須口未及言歊已先知母每疾病夢歊進藥及翌日疾良已其誠感如此歊隱居求志不娶不仕忽有老人無因而至謂歊曰君心力堅猛必破死生但運會所至不能久留一方耳彈指而去歊於是信心彌篤俄疾卒時有沙門寶誌遇歊於途謂之曰隱居學道清淨登仙如此三說南史本傳

神授風籐

神授風藤

齊解叔謙字楚梁雁門人母有疾叔謙夜於庭中稽顙祈禱聞空中語云此病得丁公藤爲酒便差即訪醫家及本草注皆無識者乃求訪至宜都郡遥見山中一老公伐木問其所用答曰此丁公藤能治病療風尤驗叔謙便拜伏流涕具言來意此公愴然以四段與之併示以漬酒法叔謙受之顧視此人不復知處依法爲酒母病即差南史本傳

羣鵲繞屋

羣鵲繞屋

宋呂仲洙女名良子晉江人父得疾瀕殆良子與妹細良焚香祝天請以身代刲股爲粥以進時夜中羣鵲遶屋飛噪仰視空中有大星煜煜如月者三越翌日父瘳太守眞德秀表其居曰懿孝呂仲洙女傳

竹攢復榮

竹攢復榮

齊宗室子罕武帝第十一子也性至孝頗有學問母嘗寢疾子罕晝夜祈禱於天以竹為燈攢照夜此攢宿夕枝葉大茂母病亦愈咸以為孝感所致

南史齊南海王本傳

乞代父命

乞代父命

梁吉翂字彥霄孝行純篤父爲原鄉令爲吏所誣罪當大辟翂年十五撾登聞鼓乞代父命武帝異之尚以其童幼疑受教於人勅廷尉嚴加脅誘取其欵實翂對曰囚雖蒙弱豈不知死可畏憚顧諸弟幼藐惟囚爲長不忍見父極刑自延視息所以内斷胸臆上干萬乘奈何受人教耶帝并赦之南史孝義傳

投鑪成金

投鑪成金

吳李娥父爲吳太帝鐵官冶以鑄軍器一夕鍊金於鑪而金不出吳令耗折官物者坐斬娥年十五遂自投鑪中於是金液沸溢塞鑪而下遂成溝渠注二十里所收金億萬計孝苑

江心湧石

江心湧石

漢隗相字叔通犍爲人性至孝母凡食必求江心水以舟汲之江心忽湧出一石舟乃可依至今石在江中號爲孝子石

酈道元 水經注

老風山移

孝感山移

元李忠晉甯人幼孤事母至孝大德七年地大震郇保山移所過居民廬舍皆摧壓傾圮將近忠家分爲二行五十餘步復合忠家獨完

李忠傳

不衣綵帛

不衣緜帛

劉宋朱百年家素貧母以冬月亡衣並無絮自此不衣緜帛嘗寒時就孔顗宿衣悉夾布飲酒醉眠顗以臥具覆之既覺引臥具去體謂顗曰綿定奇温因流涕悲慟南史隱逸傳

減算益親

減算益親

明顧鼎臣字九和號未齋南直崑山人父諱恂年五十而生公公自幼盡孝稍長撰一表文每夜焚香祝天願以己算益親見己成立一夕夢黃鶴自天飛來近視之即所焚表也末批云鼎臣減算益親出於至誠父延二紀鼎臣狀元及第後恂果臻上壽見子登第受封鼎臣登弘治乙丑科狀元及第官至大學士卒贈太保謚文康爲名臣（崑山邑志）宋柳約天性至孝母病甚泣禱於天願損壽以益親壽母尋愈約後竟先母兩月卒（柳約傳）元王薦性孝父嘗疾甚薦夜禱於天願減己年益父壽父絕而復甦曰適有神人黃衣紅帕覆首恍惚語我曰汝子孝上帝命錫汝十二齡疾遂愈後果十二年而卒（王薦傳）事同附記

神傳吉地

神傳吉地

五代周裴俠字嵩和年十三遭父憂哀毀有若成人將擇葬地而行空中有人曰童子何悲葬於桑東封公侯俠懼以告母母曰神也吾聞鬼神福善爾家未嘗有惡當以吉祥告汝耳時俠宅畔有大桑林因葬焉俠仕周官工部大夫賜爵爲公俠居官清勤嘗遇疾沉頓忽聞五鼓便即驚起曰可向府耶所苦因此遂瘳晉公護聞之曰裴俠危篤若此而不廢憂公因聞鼓聲疾病遂愈此豈非天佑其勤恪也（裴俠傳）又守河北時入朝周太祖命獨立曰裴俠清慎奉公爲天下最有如俠者與之俱立衆默然朝野嘆服號獨立使君（姚氏箋註）

母即活佛

母即活佛

明太和楊黼慕蜀中無際大師前往訪之途遇老僧呼黼姓名曰無際大師是我之師命我迎汝傳語見無際不如見活佛黼曰活佛安在僧曰但東歸見披衿倒屣者是矣黼遂回抵家已夜半母聞扣門聲喜甚遂披衿倒屣而出黼見大悟自此竭力孝親手注孝經數千言年八十七誦偈而化 明史

夢得母墓

夢得母墓

元丁鶴年於兵亂後失母墓所悲慕深切夜夢母告以葬所鄰翁韓重者亦夢焉即其地求而得之見母屍正中一齒如漆復囓指滴血試之良驗遂改祔父壙人呼爲丁孝子 逸史

居喪病羸

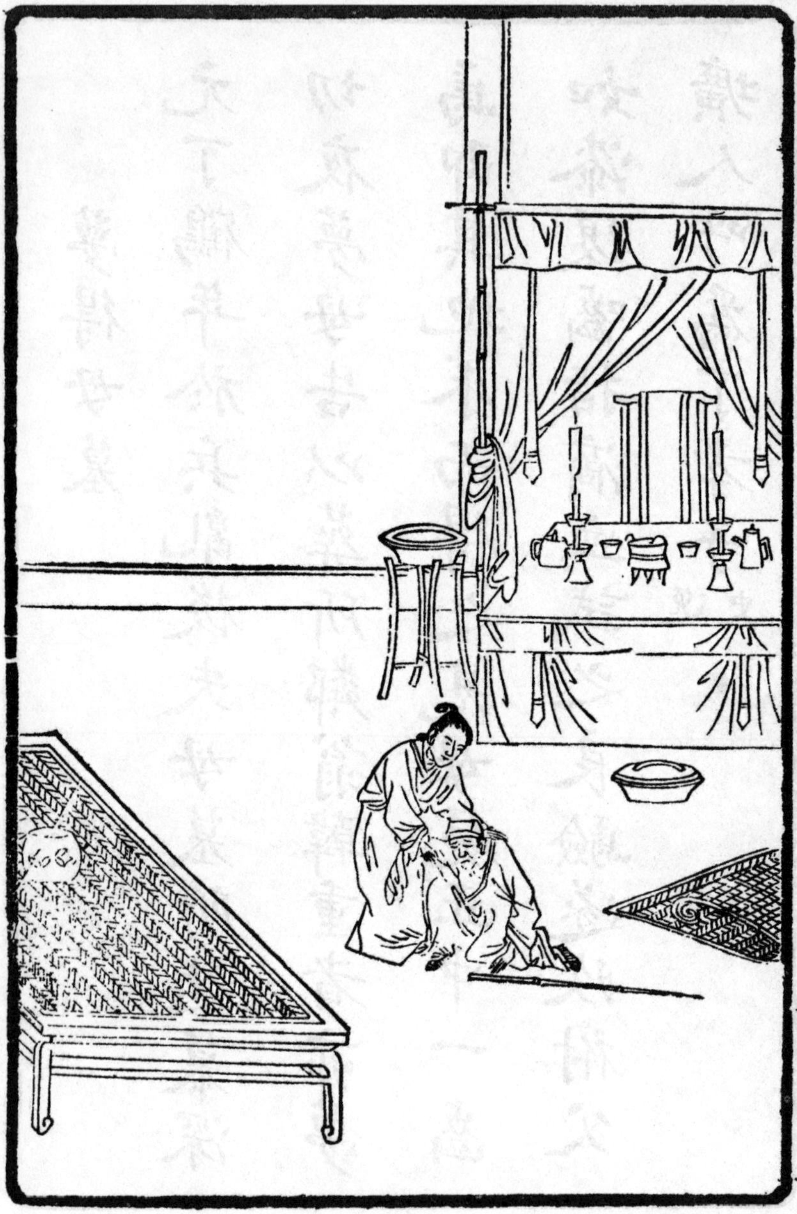

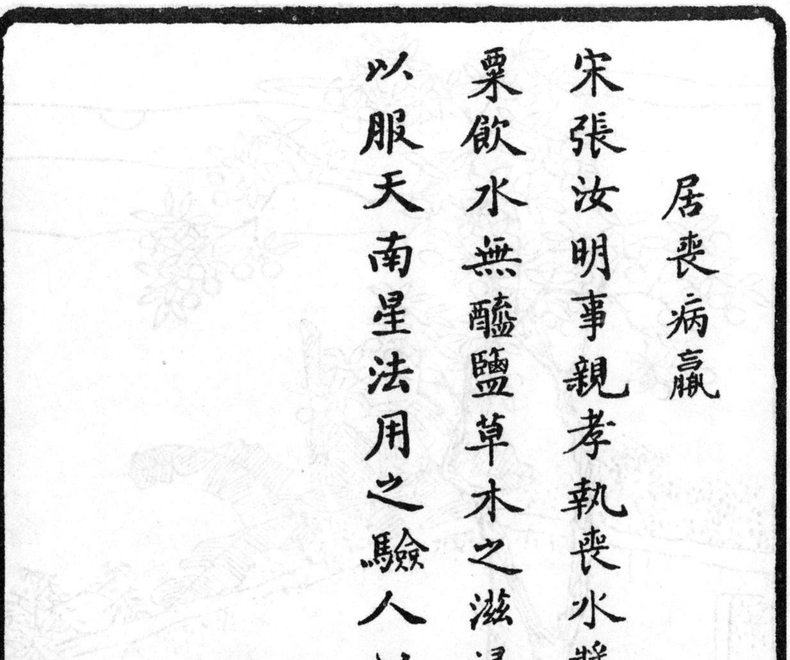

居喪病羸

宋張汝明事親孝執喪水漿不入口三日日餟脫粟飲水無醯鹽草木之滋浸病羸行輒踣夢父授以服天南星法用之驗人以爲孝感所致張汝明本傳

拜柑奉母

拜柑奉母

宋湻熙時江州民謝生母老病以夏月思生柑不啻飢渴謝家有小園種此果乃夜拜樹下膝爲之穿裂詰旦已纍纍結實數顆食之病遂瘳宋史

分膳贍親

分膳贍親

吳陸時雍補郡學生念母兄時不給語掌膳曰吾日膳不盡餐願撤一膳遺母自以一膳分爲晨夕

孝苑

爲親茹素

爲親茹素

宋郭琮事母極恭順居常不過中食絶飲酒茹葷者三十年以祈母壽母年百歲耳目不衰飲食不減鄉里異之至道三年詔書存恤孝悌轉運使狀琮事以聞有詔旌表門閭明年母無疾而終宋史本傳

張禹子買棺

鬻子買棺

元趙孝婦早寡事姑孝嘗念姑老一旦有不諱無由得棺以次子鬻富家買杉木治棺置於家南鄰失火南風烈甚火勢及孝婦家孝婦亟扶姑出避而棺重不可移乃撫膺大哭曰吾爲姑賣兒得棺無能爲我救之者苦莫大焉言畢風轉而北孝婦家得不焚人以爲孝感所致 趙孝婦本傳

麞來愈病

麞來愈病

明河南舞陽縣民周炳事母焦氏至孝常病篤呼天禱神求以身代遂愈後復病痢思食麞肉求之不得忽一麞來其家即以供母母病復差人以爲孝感所致請表其門曰孝行洪武實錄

蝗不害苗

蝗不害苗

明洪武時顧仲禮事母至孝遇凶歲負母就養他郡七年始歸耕見蝗起食其田苗仲禮泣曰吾何以爲養乎俄疾風蝗盡去苗得不傷（明一統志）

雲護山穴

雲護山穴

元楊皡母牛氏嘗病劇皡叩天求代遂痊如是者再後牛氏失明皡登太白山取神泉洗之復如故牛氏没哀毁特甚葬之日大雨獨皡墓前後數里密雲蔽之雨不沾土送者大悦楊皡傳

暑月求冰

暑月求冰

元湯霖母病熱更數醫弗能效母不肯飲藥曰惟得冰我疾可愈時天氣甚煖霖求冰不得累日號哭於池上忽聞池中戛戛有聲拭淚視之乃冰凘也取以奉母疾果愈（元史本傳）

盡孝全忠

畫孝全忠

明曹鼎字萬鍾號恒山北直甯晉人事繼母以孝聞以癸卯榜授代州學正上書願得劇職自效改泰和縣典史宣德八年癸丑以督工匠赴京請與會試許之遂登第第二名廷試狀元及第歷官至吏部侍郎兼學士正統己巳隨征歿於軍中贈太傅吏部尚書兼文淵閣大學士謚文襄改謚文忠爲名臣明史

錫類博施

錫類博施

宋查道字湛然事母以孝聞母嘗病思鱖羹方冬苦寒道泣禱于河鑿冰取之得鱖尺許以饋又刺臂血寫佛經母疾尋愈後官右司郎中出知虢州歲歉出積廩米賑之又設粥糜以救飢者所全活萬餘人平居祿賜所得輒散施親族與人交多所周給深信內典居多茹素嘗夢神人謂曰汝位至正郎壽五十七而享年至六十四論者以爲積善所延也查道傳

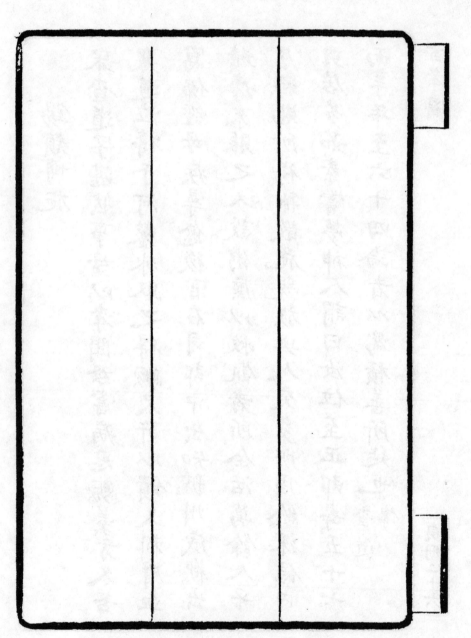

予自道光壬寅由河南省改官粵東浔晤族弟仰山蘭浦昆仲同宗一脈相聚天涯致足樂也及咸豐辛亥于役東江其時蘭浦六棣亦幕次汕尾盈盈一水無間往来更增親密偶於案頭見其撰百孝新詠雖曰文章游戲洵具勸懲苦心嘗促即付梓以助風化迺蘭浦未竟厥志遽作古人迴里曩事忽忽將三十年不禁人琴之感矣今年春初吾自煲恩任滿旋省仰山出贈斯圖

展閱之下見於詩句之外標明題目詳註故實湏覔善繪事者裝成百圖簡明可觀俾婦稚咸知與感蓋歷時歲二十稔綦費苦心克成第志二難之學術心性於此可徵而仰山友褱之萬尤足令人景企不置焉感嘆三湏因誌數言時維

同治癸酉上元八十三老叟西湖散人謹跋